SALUTE

致敬

-2020-

LIFE
IS MORE
DRAMATIC THAN
DRAMA

赵维民　编

天津出版传媒集团

天津古籍出版社

图书在版编目（C I P）数据

致敬2020 / 赵维民编. —— 天津 ： 天津古籍出版社，
2019.4
ISBN 978-7-5528-0796-7

Ⅰ．①致… Ⅱ．①赵… Ⅲ．①城市景观—景观设计—
天津—图集 Ⅳ．①TU-856

中国版本图书馆CIP数据核字(2019)第044416号

致敬 2020

ZHIJING 2020

作　　　者：赵维民

责任编辑：唐　舰

装帧设计：雅迪云印（天津）科技有限公司

出 版 人：张　玮

出版发行：天津古籍出版社

　　　　　天津市西康路35号 邮政编码：300051

印　　制：天津浩林彩色印刷有限公司

经　　销：全国新华书店发行

版　　次：2019年4月第1版 2019年4月第1次印刷

开　　本：787mm×1092mm 1/16

印　　张：12.5

字　　数：41千字

定　　价：128 元

IF
THE NOTEBOOK
IS LOST
FIND ME AND
LOVE ME!

TWO
THOUSAND
AND
TWENTY

序

赵维民

2014 年，我们开始策划出版"天津城市景观丛书"，到如今已经走过了五个年头。如果说最初的感动来自于作者对这座城市十年的坚守的话，那么后来的担当就是一种责任的召唤，一种对家乡的牵挂，一种对科学精神的向往。于是，我们选择了"天津城市景观丛书"，第一部将城市规划、景观建设与天津历史人文研究结合起来的系列图文书。

九河下梢的天津是一座历史文化名城，昔日漕运的便利和盐业的发达使天津在明初建卫以后便得以快速发展，直到清代中叶成为了沟通南北方经济重要的贸易港口和吸引众多外来人口、"五方杂处"的北方商业大都会。1860 年天津开埠以后，以英、法、德、日为首的列强不断在天津老城之外划定租界，并最终在 20 世纪初形成了九国租界的态势，对天津城市的发展产生了重大而深远的影响。伴随着 1901 年天津城城墙的拆除，南市、河北新区、老城西南等区域又成为了天津城市新的增长点。新中国成立以后，随着工业区的划定、迁移以及七个工人新村的建立，天津的城市格局被最终确立；码头文化、老城文化、市井文化、租界文化和工业文化各自独立又相互交融的天津城市特质也最终形成。于是，天津成为了"万国建筑博览会""园林艺术博览会"，成为了城市景观丰富而别致的大都会；而"天津城市景观丛书"正是要展示这些独特的美！

"天津城市景观丛书"目前已推出《老城里》《老花园》《老街巷》《老建筑》《老街角》《天津桥》六部著作。每一部都倾注了作者多年的心血，都是他们体会天津、品味生活的真情流露。在这里，我们可以探究纵横交错、脉络相连的老城胡同，它们曾是小伙伴追逐、嬉戏的场所，也是几代人学习、成长的摇篮；可以畅游九国租界留下的别样花园，它们将维多利亚花园的英式风景、法国花园的古典风韵、俄国花园的自然风光和意国花园的地中海风情展现得淋漓尽致；可以欣赏九条河道上的 108 座桥梁，它们拉近了天津人民与河、海之间的深厚情谊。新旧图片对比的巧妙，跨页、留白纵横交错的大胆，百姓生活记述的真切，

建筑译名考证的严谨，都无一例外地彰显着"天津城市景观丛书"的精心、诚心与决心。

《致敬 2020》就是六册饱含真情的"天津城市景观丛书"图片的精华所在，两百余幅新照与旧影再一次的巧妙结合预示着我们的"天津城市景观丛书"将迈上一个崭新的台阶，将更加充满魅力与情意。

2019 年我们依然会努力前行，向着 2020 致敬！

2019 年 3 月

TWO
THOUSAND
AND
TWENTY

1 JANUARY

日	一	二	三	四	五	六
			1	2	3	4
5	6	7	8	9	10	11
12	13	14	15	16	17	18
19	20	21	22	23	24	25
26	27	28	29	30	31	

2 FEBRUARY

日	一	二	三	四	五	六
						1
2	3	4	5	6	7	8
9	10	11	12	13	14	15
16	17	18	19	20	21	22
23	24	25	26	27	28	29

3 MARCH

日	一	二	三	四	五	六
1	2	3	4	5	6	7
8	9	10	11	12	13	14
15	16	17	18	19	20	21
22	23	24	25	26	27	28
29	30	31				

4 APRIL

日	一	二	三	四	五	六
		1	2	3	4	
5	6	7	8	9	10	11
12	13	14	15	16	17	18
19	20	21	22	23	24	25
26	27	28	29	30		

5 MAY

日	一	二	三	四	五	六
					1	2
3	4	5	6	7	8	9
10	11	12	13	14	15	16
17	18	19	20	21	22	23
24	25	26	27	28	29	30
31						

6 JUNE

日	一	二	三	四	五	六
	1	2	3	4	5	6
7	8	9	10	11	12	13
14	15	16	17	18	19	20
21	22	23	24	25	26	27
28	29	30				

7 JULY

日	一	二	三	四	五	六
				1	2	3	4
5	6	7	8	9	10	11
12	13	14	15	16	17	18
19	20	21	22	23	24	25
26	27	28	29	30	31	

8 AUGUST

日	一	二	三	四	五	六
						1
2	3	4	5	6	7	8
9	10	11	12	13	14	15
16	17	18	19	20	21	22
23	24	25	26	27	28	29
30	31					

9 SEPTEMBER

日	一	二	三	四	五	六
		1	2	3	4	5
6	7	8	9	10	11	12
13	14	15	16	17	18	19
20	21	22	23	24	25	26
27	28	29	30			

10 OCTOBER

日	一	二	三	四	五	六
				1	2	3
4	5	6	7	8	9	10
11	12	13	14	15	16	17
18	19	20	21	22	23	24
25	26	27	28	29	30	31

11 NOVEMBER

日	一	二	三	四	五	六
1	2	3	4	5	6	7
8	9	10	11	12	13	14
15	16	17	18	19	20	21
22	23	24	25	26	27	28
29	30					

12 DECEMBER

日	一	二	三	四	五	六
		1	2	3	4	5
6	7	8	9	10	11	12
13	14	15	16	17	18	19
20	21	22	23	24	25	26
27	28	29	30	31		

1

JANUARY

TWO
THOUSAND
AND
TWENTY

01-02

Wed. - Thur.

1 JANUARY

			1	2	3	4
5	6	7	8	9	10	11
12	13	14	15	16	17	18
19	20	21	22	23	24	25
26	27	28	29	30	31	

03

Fri.

04-05

Sat. - Sun.

06

Mon.

07

Tues.

08

Wed.

09-10

Thur. - Fri.

1 JANUARY

			1	2	3	4
5	6	7	8	9	10	11
12	13	14	15	16	17	18
19	20	21	22	23	24	25
26	27	28	29	30	31	

11-12
Sat. - Sun.

13
Mon.

14-15

Tues. - Wed.

18-19

Sat. - Sun.

20

Mon.

21-22

Tues. - Wed.

1 JANUARY

			1	2	3	4
5	6	7	8	9	10	11
12	13	14	15	16	17	18
19	20	21	22	23	24	25
26	27	28	29	30	31	

23-24

Thur. - Fri.

25-26

Sat. - Sun.

27

Mon.

1 JANUARY

				1	2	3	4
5	6	7	8	9	10	11
12	13	14	15	16	17	18
19	20	21	22	23	24	25
26	27	28	29	30	31

28-29

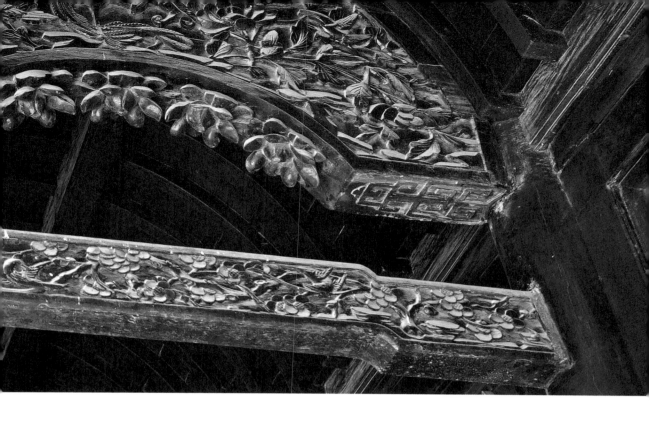

2

FEBRUARY

TWO
THOUSAND
AND
TWENTY

01-02

Sat. - Sun.

2 FEBRUARY

						1
2	3	4	5	6	7	8
9	10	11	12	13	14	15
16	17	18	19	20	21	22
23	24	25	26	27	28	29

05

Wed.

2 FEBRUARY

						1
2	3	4	5	6	7	8
9	10	11	12	13	14	15
16	17	18	19	20	21	22
23	24	25	26	27	28	29

06-07

Thur. - Fri.

12

Wed.

2 FEBRUARY

						1
2	3	4	5	6	7	8
9	10	11	12	13	14	15
16	17	18	19	20	21	22
23	24	25	26	27	28	29

13-14

Thur. - Fri.

17
Mon.

18
Tues.

19-20

Wed. - Thur.

2 FEBRUARY

						1
2	3	4	5	6	7	8
9	10	11	12	13	14	15
16	17	18	19	20	21	22
23	24	25	26	27	28	29

21
Fri.

22-23
Sat. - Sun.

24-25

Mon. - Tues.

28-29

Fri. - Sat.

2 FEBRUARY

						1
2	3	4	5	6	7	8
9	10	11	12	13	14	15
16	17	18	19	20	21	22
23	24	25	26	27	28	29

3

MARCH
TWO
THOUSAND
AND
TWENTY

01

Sun.

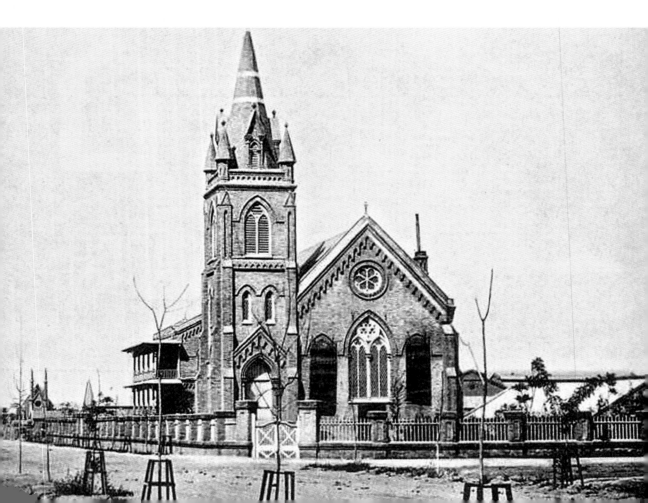

04

Wed.

3 MARCH

1	2	3	4	5	6	7
8	9	10	11	12	13	14
15	16	17	18	19	20	21
22	23	24	25	26	27	28
29	30	31				

07-08

Sat. - Sun.

09

Mon.

3 MARCH

1	2	3	4	5	6	7
8	9	10	11	12	13	14
15	16	17	18	19	20	21
22	23	24	25	26	27	28
29	30	31				

Tues. - Wed.

12-13

Thur. - Fri.

14-15
Sat. - Sun.

16
Mon.

17-18

Tues. - Wed.

3 MARCH

1	2	3	4	5	6	7
8	9	10	11	12	13	14
15	16	17	18	19	20	21
22	23	24	25	26	27	28
29	30	31				

19-20

Thur. - Fri.

21-22
Sat. - Sun.

23
Mon.

3 MARCH

1	2	3	4	5	6	7
8	9	10	11	12	13	14
15	16	17	18	19	20	21
22	23	24	25	26	27	28
29	30	31				

24-25

Tues. - Wed.

28-29

Sat. - Sun.

30-31

Mon. - Tues.

3 MARCH

1	2	3	4	5	6	7
8	9	10	11	12	13	14
15	16	17	18	19	20	21
22	23	24	25	26	27	28
29	30	31				

4

APRIL

TWO
THOUSAND
AND
TWENTY

01-02

Wed. - Thur.

4 APRIL

			1	2	3	4
5	6	7	8	9	10	11
12	13	14	15	16	17	18
19	20	21	22	23	24	25
26	27	28	29	30		

03

Fri.

04-05

Sat. - Sun.

06

Mon.

09-10

Thur. - Fri.

4 APRIL

			1	2	3	4
5	6	7	8	9	10	11
12	13	14	15	16	17	18
19	20	21	22	23	24	25
26	27	28	29	30		

14-15

Tues. - Wed.

18-19
Sat. - Sun.

20
Mon.

21-22

Tues. - Wed.

4 APRIL

				1	2	3	4
5	6	7	8	9	10	11
12	13	14	15	16	17	18
19	20	21	22	23	24	25
26	27	28	29	30		

23-24

Thur. - Fri.

4 APRIL

				1	2	3	4
5	6	7	8	9	10	11
12	13	14	15	16	17	18
19	20	21	22	23	24	25
26	27	28	29	30

28-29

Tues. - Wed.

5

MAY

TWO
THOUSAND
AND
TWENTY

01
Fri.

02-03
Sat. - Sun.

5 MAY

					1	2
3	4	5	6	7	8	9
10	11	12	13	14	15	16
17	18	19	20	21	22	23
24	25	26	27	28	29	30
31						

5 MAY

					1	2
3	4	5	6	7	8	9
10	11	12	13	14	15	16
17	18	19	20	21	22	23
24	25	26	27	28	29	30
31						

11-12
Mon. - Tues.

13-14

Wed. - Thur.

15
Fri.

16-17
Sat. - Sun.

18-19

Mon. - Tues.

5 MAY

					1	2
3	4	5	6	7	8	9
10	11	12	13	14	15	16
17	18	19	20	21	22	23
24	25	26	27	28	29	30
31						

23-24

Sat. - Sun.

5 MAY

					1	2
3	4	5	6	7	8	9
10	11	12	13	14	15	16
17	18	19	20	21	22	23
24	25	26	27	28	29	30
31						

25-26

Mon. - Tues.

27-28
Wed. - Thur.

6

JUNE

TWO
THOUSAND
AND
TWENTY

01

Mon.

6 JUNE

	1	2	3	4	5	6
7	8	9	10	11	12	13
14	15	16	17	18	19	20
21	22	23	24	25	26	27
28	29	30				

04-05

Thur. - Fri.

6 JUNE

		1	2	3	4	5	6
7	8	9	10	11	12	13
14	15	16	17	18	19	20
21	22	23	24	25	26	27
28	29	30				

06-07

Sat. - Sun.

08

Mon.

09-10

Tues. - Wed.

11-12

Thur. - Fri.

13-14

Sat. - Sun.

17-18

Wed. - Thur.

6 JUNE

	1	2	3	4	5	6
7	8	9	10	11	12	13
14	15	16	17	18	19	20
21	22	23	24	25	26	27
28	29	30				

19

Fri.

20-21

Sat. - Sun.

22-23

Mon. - Tues.

26
Fri.

27-28
Sat. - Sun.

29
Mon.

30
Tues.

7

JULY

TWO
THOUSAND
AND
TWENTY

01-02

Wed. - Thur.

7 JULY

			1	2	3	4
5	6	7	8	9	10	11
12	13	14	15	16	17	18
19	20	21	22	23	24	25
26	27	28	29	30	31	

03
Fri.

04-05

Sat. - Sun.

06

Mon.

07-08

Tues. - Wed.

09-10

Thur. - Fri.

7 JULY

			1	2	3	4
5	6	7	8	9	10	11
12	13	14	15	16	17	18
19	20	21	22	23	24	25
26	27	28	29	30	31	

11-12
Sat. - Sun.

Mon.

14-15

Tues. - Wed.

18-19

Sat. - Sun.

20

Mon.

21-22

Tues. - Wed.

7 JULY

				1	2	3	4
5	6	7	8	9	10	11
12	13	14	15	16	17	18
19	20	21	22	23	24	25
26	27	28	29	30	31

23-24

Thur. - Fri.

25-26

Sat. - Sun.

27

Mon.

7 JULY

				1	2	3	4
5	6	7	8	9	10	11	
12	13	14	15	16	17	18	
19	20	21	22	23	24	25	
26	27	28	29	30	31		

28-29

Tues. - Wed.

8

AUGUST

TWO
THOUSAND
AND
TWENTY

01-02

Sat. - Sun.

8 AUGUST

						1
2	3	4	5	6	7	8
9	10	11	12	13	14	15
16	17	18	19	20	21	22
23	24	25	26	27	28	29
30	31					

03-04

Mon. - Tues.

05-06

Wed. - Thur.

Fri.

08-09

Sat. - Sun.

8 AUGUST

						1
2	3	4	5	6	7	8
9	10	11	12	13	14	15
16	17	18	19	20	21	22
23	24	25	26	27	28	29
30	31					

10-11

Mon. - Tues.

14
Fri.

15-16
Sat. - Sun.

21
Fri.

22-23
Sat. - Sun.

8 AUGUST

						1
2	3	4	5	6	7	8
9	10	11	12	13	14	15
16	17	18	19	20	21	22
23	24	25	26	27	28	29
30	31					

24-25

Mon. - Tues.

26-27

Wed. - Thur.

28
Fri.

29-30
Sat. - Sun.

31

Mon.

9

SEPTEMBER
TWO
THOUSAND
AND
TWENTY

01

Tues.

04
Fri.

05-06
Sat. - Sun.

07-08
Mon. - Tues.

12-13

Sat. - Sun.

9 SEPTEMBER

		1	2	3	4	5
6	7	8	9	10	11	12
13	14	15	16	17	18	19
20	21	22	23	24	25	26
27	28	29	30			

14-15

Mon. - Tues.

16-17

Wed. - Thur.

18
Fri.

19-20
Sat. - Sun.

21-22

Mon. - Tues.

9 SEPTEMBER

		1	2	3	4	5
6	7	8	9	10	11	12
13	14	15	16	17	18	19
20	21	22	23	24	25	26
27	28	29	30			

23-24

Wed. - Thur.

9 SEPTEMBER

		1	2	3	4	5
6	7	8	9	10	11	12
13	14	15	16	17	18	19
20	21	22	23	24	25	26
27	28	29	30			

25

Fri.

26-27

Sat. - Sun.

28-29

Mon. - Tues.

30
Wed.

10

OCTOBER

TWO
THOUSAND
AND
TWENTY

01-02

Thur. - Fri.

10 OCTOBER

				1	2	3
4	5	6	7	8	9	10
11	12	13	14	15	16	17
18	19	20	21	22	23	24
25	26	27	28	29	30	31

03-04

Sat. - Sun.

05-06

Mon. - Tues.

10 OCTOBER

				1	2	3
4	5	6	7	8	9	10
11	12	13	14	15	16	17
18	19	20	21	22	23	24
25	26	27	28	29	30	31

07-08
Wed. - Thur.

09

Fri.

10-11

Sat. - Sun.

12 -13

Mon. - Tues.

10 OCTOBER

				1	2	3
4	5	6	7	8	9	10
11	12	13	14	15	16	17
18	19	20	21	22	23	24
25	26	27	28	29	30	31

14-15

Wed. - Thur.

10 OCTOBER

				1	2	3
4	5	6	7	8	9	10
11	12	13	14	15	16	17
18	19	20	21	22	23	24
25	26	27	28	29	30	31

19-20

Mon. - Tues.

21-22
Wed. - Thur.

23

Fri.

24-25

Sat. - Sun.

30-31

Fri. - Sat.

10 OCTOBER

				1	2	3
4	5	6	7	8	9	10
11	12	13	14	15	16	17
18	19	20	21	22	23	24
25	26	27	28	29	30	31

11

NOVEMBER
TWO
THOUSAND
AND
TWENTY

01

Sun.

02-03

Mon.-Tues.

11 NOVEMBER

1	2	3	4	5	6	7
8	9	10	11	12	13	14
15	16	17	18	19	20	21
22	23	24	25	26	27	28
29	30					

04
Wed.

05-06
Thur. - Fri.

07-08

Sat. - Sun.

11 NOVEMBER

1	2	3	4	5	6	7
8	9	10	11	12	13	14
15	16	17	18	19	20	21
22	23	24	25	26	27	28
29	30					

09-10
Mon. - Tues.

13
Fri.

14-15
Sat. - Sun.

11 NOVEMBER

1	2	3	4	5	6	7
8	9	10	11	12	13	14
15	16	17	18	19	20	21
22	23	24	25	26	27	28
29	30					

18-19

Wed. - Thur.

21-22

Sat. - Sun.

11 NOVEMBER

1	2	3	4	5	6	7
8	9	10	11	12	13	14
15	16	17	18	19	20	21
22	23	24	25	26	27	28
29	30					

23-24

Mon. - Tues.

27

Fri.

28-29
Sat. - Sun.

30
Mon.

11 NOVEMBER

1	2	3	4	5	6	7
8	9	10	11	12	13	14
15	16	17	18	19	20	21
22	23	24	25	26	27	28
29	30					

12

DECEMBER

TWO
THOUSAND
AND
TWENTY

01
Tues.

12 DECEMBER

		1	2	3	4	5
6	7	8	9	10	11	12
13	14	15	16	17	18	19
20	21	22	23	24	25	26
27	28	29	30	31		

04
Fri.

05-06
Sat. - Sun.

07-08

Mon. - Tues.

12-13

Sat. - Sun.

12 DECEMBER

			1	2	3	4	5
6	7	8	9	10	11	12	
13	14	15	16	17	18	19	
20	21	22	23	24	25	26	
27	28	29	30	31			

14-15

18
Fri.

19-20
Sat. - Sun.

21-22

Mon. - Tues.

12 DECEMBER

		1	2	3	4	5
6	7	8	9	10	11	12
13	14	15	16	17	18	19
20	21	22	23	24	25	26
27	28	29	30	31		

23-24

Wed. - Thur.

12 DECEMBER

		1	2	3	4	5
6	7	8	9	10	11	12
13	14	15	16	17	18	19
20	21	22	23	24	25	26
27	28	29	30	31		

25

Fri.

26-27

Sat. - Sun.

28-29

Mon. - Tues.